Jean-Antoine Letronne

Cosmographie

Essai

 Le code de la propriété intellectuelle du 1er juillet 1992 interdit en effet expressément la photocopie à usage collectif sans autorisation des ayants droit. Or, cette pratique s'est généralisée dans les établissements d'enseignement supérieur, provoquant une baisse brutale des achats de livres et de revues, au point que la possibilité même pour les auteurs de créer des œuvres nouvelles et de les faire éditer correctement est aujourd'hui menacée. En application de la loi du 11 mars 1957, il est interdit de reproduire intégralement ou partiellement le présent ouvrage, sur quelque support que ce soit, sans autorisation de l'Éditeur ou du Centre Français d'Exploitation du Droit de Copie , 20, rue Grands Augustins, 75006 Paris.

ISBN : 978-1976391460

10 9 8 7 6 5 4 3 2 1

Jean-Antoine Letronne

Cosmographie

Essai

Table de Matières

Introduction. 6

§ Ier. De la Topographie chrétienne de Cosmas Indicopleuste. 10

§ II. De la pluralité des cieux. 14

§ III. De la place occupée par les anges dans le monde physique. 19

§ IV. De la forme du monde et du mouvement des astres. 22

Conclusion. 29

Notes. 30

Des Opinions cosmographiques des pères de l'Église
rapprochées des doctrines philosophiques de la Grèce

INTRODUCTION

Il fut un temps, et ce temps n'est pas encore bien loin de nous, où toutes les sciences devaient prendre leur origine dans la Bible. C'était la base unique sur laquelle on leur permettait de s'élever ; et d'étroites limites avaient été fixées à leur essor. On laissait l'astronome observer les astres et faire des almanachs, mais à condition que la terre resterait au centre du monde, et que le ciel continuerait à être une voûte solide, parsemée de points lumineux ; le cosmographe pouvait dresser des cartes, mais il devait poser en principe que la terre était une surface plane, suspendue miraculeusement dans l'espace, et soutenue par la volonté de Dieu. Si quelques théologiens, moins ignorants, permettaient à la terre de prendre la forme ronde, c'était à la condition expresse qu'il n'y aurait pas d'antipodes. L'histoire naturelle des animaux devait partir de la reproduction de ceux qui avaient été conservés dans l'arche ; l'histoire et l'ethnographie avaient pour base commune la dispersion, sur la surface de la terre, de la famille de Noë.

Les sciences avaient donc leur point de départ fixé et déterminé, et l'on traçait autour de chacune d'elles un cercle d'où il lui était interdit de sortir, sous peine de tomber à l'instant sous la redoutable censure des théologiens, qui avaient toujours au service de leur opinion, bonne ou mauvaise, trois arguments irrésistibles, la persécution, la prison ou le bûcher.

Ces obstacles, que l'esprit scientifique rencontra dans tout le moyen-âge, et qui retardèrent pendant si longtemps les progrès des sciences d'observation, tiraient leur force principale de l'autorité des saints Pères. Ces hommes, si éminents par leur foi et leur éloquence, mais généralement peu familiarisés avec les études scientifiques, se persuadèrent que la seule cosmographie possible était celle qu'ils trouvaient exposée dans la Bible, et que les opinions des Grecs, c'est-à-dire le système de Ptolémée, ne devaient point être admises, parce qu'elles étaient contraires au texte de Moïse, dont toutes les paroles, inspirées par l'esprit divin, devaient offrir le reflet de l'éternelle sagesse. Quelques-uns d'entre eux, trop éclairés pour ne pas sentir toutes les difficultés qui résultaient de l'interprétation littérale, essayèrent d'entrer dans une voie moins étroite. Pour l'honneur de l'écrivain sacré, ils pensèrent qu'en certains cas le sens vulgaire de ses expressions en cachait un plus relevé ; ils y découvrirent des allégories savantes ou des symboles mystérieux. Ce système d'interprétation, puisé dans les habitudes de la philosophie païenne, et que les Juifs alexandrins, tel que Philon, avaient adopté déjà, fut mis en œuvre surtout par Origène, un des plus spirituels entre les saints Pères ; mais on le repoussa de toutes parts. Il y eut des docteurs chrétiens qui, voyant à quelles conséquences conduisait l'interprétation littérale de la Bible, relativement à la cosmographie, mais n'osant pas s'en écarter, voulurent qu'on s'abstînt de toutes ces discussions mondaines, étrangères à la foi, et qui pouvaient lui nuire ; ils gardèrent eux-mêmes un silence prudent[1]. D'autres, recommandables par le savoir, la raison et le courage, osèrent prendre ouvertement la défense des *idées grecques*. De ce nombre fut Jean Philoponus, dont l'ouvrage sur la création a pour objet de prouver que rien, dans la sainte Écriture, ne s'oppose réellement au système de Ptolémée[2] ; mais il y réussit fort mal : du moins les théologiens en jugèrent ainsi ; presque tous s'en tinrent aux conséquences de l'interprétation littérale, et rejetèrent tout moyen de conciliation. Les fausses idées qui en découlent prirent un tel ascendant, que c'est avec une grande hésitation, et en prenant toutes sortes de précautions oratoires, qu'on laissait percer une opinion contraire à ces préjugés *orthodoxes*. Ainsi, par exemple, Eusèbe de Césarée se hasarde à dire dans son Commentaire sur les Psaumes, que la terre est ronde[3] ; puis, effrayé de tant de hardiesse, il se hâte d'ajouter que, du moins, tel est l'avis de quelques-uns, laissant clairement entrevoir (et le P. Montfaucon lui-même[4] le remarque) que cet avis était le sien, mais n'osant ouvertement l'avouer ; aussi dans un autre ouvrage, il revient aux préjugés alors en vigueur[5].

Le patriarche Photius, en donnant l'analyse des ouvrages de Cosmas[6] et de Diodore de Tarse[7], montre qu'il était loin de partager les étranges opinions que ces auteurs émettent sur les phénomènes célestes et la forme du monde ; mais aux précautions dont il use, il est facile de voir combien il craignait de blesser les âmes pieuses et timorées.

Cette lutte entre l'esprit et la lettre, entre le bon sens des uns et la foi robuste des autres, fit naître une foule d'ouvrages de controverse, où les partisans de l'interprétation verbale cherchaient à convaincre leurs adversaires de l'impossibilité de concilier la Bible avec l'astronomie alexandrine ; ils en tiraient eux-mêmes les plus étranges hypothèses, qui se réunissaient toutes dans l'exclusion formelle de la rondeur de la terre. Saint Augustin, Lactance, saint Basile, saint Ambroise, saint Justin martyr, saint Jean Chrysostôme, saint Césaire, Procope de Gaza, Sévérianus de Gabala, Diodore de Tarse, etc., ne permettent pas que le vrai chrétien conserve là-dessus le moindre doute.

Il faut convenir que si les phénomènes naturels n'étaient pas là pour contredire le texte, l'interprétation littérale serait sans réplique ; l'explication que les Pères donnent de la Bible et les conséquences qu'ils en tirent seraient également incontestables. Ce n'est vraiment qu'à l'aide des interprétations les plus forcées qu'on peut voir dans ce texte autre chose que ce qu'ils y ont vu. Ce n'est qu'en changeant le sens naturel des mots, en bouleversant la suite des idées, que les géologues *bibliques*, depuis Burnet et Whiston jusqu'à Kirwan et Deluc, ont pu réussir à faire accorder la Genèse avec leurs idées. Telle est par exemple leur explication favorite du mot *jour*, dans le récit de la création ; selon eux, ce n'est pas un espace de vingt-quatre heures, c'est un intervalle de temps indéterminé qui a pu être immense. Deluc et ses imitateurs n'aperçoivent que ce moyen de se procurer le temps nécessaire pour la formation des diverses couches qui composent l'écorce du globe. Mais c'est acheter bien cher l'avantage de faire de Moïse un géologue ; car cette fameuse interprétation, contraire à l'ensemble du texte, le rend complètement inintelligible. Adoptée ou plutôt *tolérée* en désespoir de cause par quelques théologiens concilians[8], elle a toujours été rejetée du plus grand nombre, catholiques ou protestants, parce qu'elle ne donne à Moïse l'apparence du savoir géologique qu'en lui ôtant jusqu'à l'ombre du sens commun[9]. Ce récit demeure véritablement inexplicable, lorsqu'on part du point de vue scientifique, mais il devient clair et facile, comme le reste du premier chapitre de la Genèse, quand on ne veut y voir que l'expression naïve de ces idées élémentaires qui se sont présentées à tous les peuples dans l'enfance de la civilisation[10].

Imaginer que Moïse a pu n'être pas inspiré en tout ce qu'il a écrit, distinguer, comme l'ont fait quelques modernes, ce qui est de foi de ce qui est science, c'est là ce qui ne vint pas et ne pouvait venir dans la pensée des Pères ; forcés tout à la fois par le sens certain des mots et l'ascendant d'une conviction profonde, ils croyaient ne pouvoir hésiter sur les conséquences de l'interprétation littérale. Ils fermaient les yeux sur leur absurdité ; ce qui était écrit devait être vrai ; tant pis pour la raison humaine, elle devait se soumettre, car, comme le disait saint Augustin, *major est Scripturæ auctoritas quam omnis humani ingenii capacitas*[11].

Ajoutons qu'ils étaient presque à leur insu sous l'influence des opinions populaires qui dominaient encore les esprits même assez éclairés, et de celles qui avaient été soutenues dans les écoles philosophiques des païens. Car, à côté des progrès, à la vérité très lents, des sciences d'observation, vivaient toujours les hypothèses imaginées par les anciens philosophes pour expliquer les faits avant de les connaître : et ces hommes ingénieux avaient si largement exploité le champ des vaines conjectures, que les premiers commentateurs juifs ou chrétiens de la Bible, dans leurs rêveries les plus extravagantes, purent difficilement y glaner une explication tout-à-fait nouvelle. La plus étrange de leurs explications a sa racine dans quelque opinion de ces philosophes païens dont ils méprisaient beaucoup la morale, mais dont ils estimaient fort le savoir, et qu'ils aimaient toujours à citer à l'appui de leurs propres opinions.

C'est ainsi que les idées cosmographiques auxquelles l'autorité des saints Pères donna tant de crédit, remontent presque toutes aux écoles philosophiques de la Grèce. Ce fait remarquable ressort avec évidence de l'examen de quelques-unes des opinions dont se compose cette singulière cosmographie.

Je prendrai pour base de cet examen la *Topographie chrétienne* de Cosmas, publiée par le Père Montfaucon, dans la *Collectio nova Patrum* : — c'est, entre les ouvrages qui nous restent sur ce sujet, le seul où un système *cosmographique* soit exposé d'une manière complète. Je le comparerai ensuite aux notions détachées qu'on tire des anciens commentateurs de la Bible, en prouvant qu'elles remontent toutes à quelque opinion soutenue dans les anciennes écoles philosophiques.

§ Ier. De la Topographie chrétienne de Cosmas Indicopleuste.

Au commencement du VIe siècle vivait à Alexandrie un personnage qui, après avoir fait le négoce et voyagé dans les mers de l'Inde, avait embrassé la vie monastique. Dans le repos et le silence du cloître, il composa plusieurs ouvrages, dont il ne nous reste plus que la *Topographie chrétienne*. Ce livre, écrit vers l'an 535, a été connu de Photius, qui en a donné un extrait fort succinct[12] ; mais ce savant patriarche a ignoré jusqu'au nom de l'auteur ; et Fabricius doute même si celui de Cosmas, qui se trouve dans le manuscrit, ne serait pas simplement un de ces surnoms qu'il était d'usage de prendre d'après le genre des occupations auxquelles on se livrait ou des ouvrages qu'on avait composés[13]. Quoi qu'il en soit, ce livre n'a guère paru intéressant jusqu'ici que par quelques détails curieux sur l'Inde, où l'auteur avait voyagé, et principalement par les fameuses inscriptions grecques qu'il avait copiées à Adulis ; aussi, à l'exception de ces particularités, qui ont été l'objet de diverses recherches, le fond du livre n'a pas beaucoup occupé les savants ; et tout ce qu'on en lit dans plusieurs ouvrages géographiques peut être considéré comme un simple extrait de la préface du savant Montfaucon. Cependant le fond même de ce livre le rend un des plus curieux de l'époque où il a été composé. Le but principal de l'auteur a été d'établir le seul système cosmographique qui lui semblait *orthodoxe*, c'est-à-dire, selon lui, conforme au sens littéral de la Bible, auquel il s'attachait avec scrupule. La partie astronomique de ce système est complètement absurde ; la partie géographique est remplie de notions fausses et d'idées extravagantes ; et toutes deux seraient à peu près indignes d'examen, si elles ne nous représentaient qu'une opinion individuelle. Mais l'analyse approfondie de ce livre démontre que les opinions qui s'y trouvent ont été celles de plus d'un auteur des premiers siècles du christianisme.

Cosmas attaque très vivement ce qu'il appelle les *hypothèses grecques*, c'est-à-dire les idées de l'école alexandrine sur la rondeur de la terre et l'existence des antipodes[14]. Il croit démontrer d'abord sans réplique que l'Écriture est formellement contraire à ces dangereuses idées. Ensuite il avance qu'il est absurde d'imaginer que des hommes peuvent vivre la tête en bas et les pieds en haut[15], et que la pluie peut tomber des quatre points de l'horizon diamétralement opposés[16]. Ces arguments datent de loin, et en tout temps ils ont été trouvés fort bons. Plutarque[17] les met déjà dans la bouche d'un de ses interlocuteurs, grand ennemi de la sphéricité de la terre et des antipodes ; et on les voit se reproduire de siècle en siècle, depuis Lactance et saint Augustin, jusqu'au moment où la découverte de l'Amérique et le voyage autour du monde de Magellan vinrent pour toujours réduire au silence les adversaires des antipodes.

Selon Cosmas, la terre est une surface plane entourée de l'océan : au-delà s'étend une autre terre que les hommes habitaient avant le déluge, mais où ils ne peuvent plus pénétrer maintenant. Cette terre est entourée de hautes murailles sur lesquelles le firmament, comme une voûte immense, vient s'appuyer de tous côtés. Ainsi, le monde ne ressemble pas mal à un coffre dont la terre serait le fond, et le ciel le couvercle.

Voici maintenant comment l'auteur soutient ce singulier système.

Saint Paul désigne, par les mots τό ἅγιον κοσμικόν, le tabernacle élevé par Moïse dans le désert[18]. Ici les commentateurs conviennent que le mot κοσμικὸς signifie simplement *terrestre*, par opposition à *céleste*[19]. Mais, au temps de Cosmas, et auparavant, plusieurs interprètes de l'Écriture, entre autres Théodoret[20], donnaient à ce mot le sens de *fait à l'imitation du monde*. Cosmas, qui adopte cette interprétation, ne manque pas d'admettre en conséquence que le tabernacle était une représentation du monde[21] : dans ce cas, la forme du premier étant connue, celle du second devait l'être nécessairement. Les textes de l'Écriture à la main, il n'a pas de peine à prouver que le tabernacle avait tout juste la figure d'une grande caisse une fois plus longue que large, et conséquemment que telle doit être la forme de l'univers. Il s'étaie principalement des passages d'Isaïe : « Je suis celui qui a posé le ciel comme une voûte[22] ; je suis celui qui a étendu le ciel comme une tente[23] : » et de

§ Ier. De la Topographie chrétienne de Cosmas Indicopleuste.

cet autre de Job : « J'ai incliné le ciel sur la terre[24]. »

Quant à la terre elle-même, Cosmas donne pour certain qu'elle ressemble à une table ayant une longueur double de sa largeur. Il la compare à la table des pains de proposition placée dans le tabernacle : peut-on douter de la justesse de cette comparaison, nous dit-il[25], quand on voit qu'à chacun des quatre angles de cette table il y avait trois pains de proposition, symbole évident des trois mois de chaque saison ? Et d'ailleurs les quatre angles de cette table ne sont-ils pas des emblèmes évidents des solstices et des équinoxes ?

Ainsi Cosmas ne le cédait pas beaucoup sur l'article des allégories à d'autres docteurs chrétiens ou juifs qui en avaient puisé le goût chez les Alexandrins. Cette manière forcée de rendre compte de la disposition du tabernacle rappelle naturellement que Josèphe veut trouver dans certaines dispositions de ce lieu saint des emblèmes du même genre, tels que ceux des douze mois de l'année, de la terre, de la mer, du ciel, des planètes et des quatre élémens[26], toutes choses auxquelles Moïse n'avait probablement jamais pensé ; de même Philon[27], ainsi que Clément d'Alexandrie[28], voyait dans les diverses parties de l'ancien temple de Jérusalem, et jusque dans les ornements du grand-prêtre, des symboles qui se rapportaient à toute la nature, et principalement à ses parties les plus apparentes, le ciel, la terre, le soleil, la lune, les signes du zodiaque, etc. Cette manie d'interprétation symbolique gagna aussi les théologiens du moyen-âge ; car, lorsque Galilée eut découvert les quatre satellites de Jupiter, qui augmentaient le nombre connu des planètes, on opposa d'abord à sa découverte et les sept chandeliers d'or de l'Apocalypse et le chandelier à sept branches du tabernacle, et jusqu'aux sept églises d'Asie[29], symboles divins, assurait-on, du nombre auquel la Providence avait voulu porter les planètes, et qu'on ne pouvait augmenter sans blesser la foi. Mais aussitôt que le fait eut été constaté, on fit la découverte que la foi n'y est pas contraire.

Le monde de Cosmas, ou ce grand coffre oblong qu'il appelle ainsi, se divise, selon lui, en deux parties : la première, séjour des hommes, s'étend depuis la terre jusqu'au firmament, au-dessous duquel les astres font leurs révolutions ; là séjournent les anges[30], qui ne s'élèvent jamais plus haut[31]. La seconde s'étend depuis le firmament jusqu'à la voûte supérieure qui couronne et termine le monde. Sur le firmament *reposent les eaux du ciel :* au-delà de ces eaux se trouve le royaume des cieux, où Jésus-Christ a été admis le premier, frayant la route de vie à tous les chrétiens[32].

Après avoir fait de l'univers un grand coffre divisé en deux compartiments, il restait à expliquer les phénomènes célestes, tels que la succession des jours et des nuits, et les vicissitudes des saisons.

Voici l'explication *orthodoxe* de Cosmas. Il considère la terre, ou cette table oblongue circonscrite par de hautes murailles, comme divisée en trois parties : 1° la terre habitable, qui en occupe le milieu ; 2° l'océan, qui environne cette terre de toutes parts ; 3° une autre, qui entoure l'océan, terminée elle-même par ces hautes murailles sur lesquelles vient s'appuyer le firmament. Chacune de ces divisions pourrait être l'objet d'un examen particulier. Je ne m'occupe ici que de l'ensemble. Or, selon lui, la terre habitable va toujours en s'élevant du midi au nord, en sorte que les contrées australes sont beaucoup plus basses que les boréales. C'est pour cela, nous dit-il, que le Tigre et l'Euphrate, qui coulent du nord au sud, ont un cours plus rapide que le Nil, qui va dans le sens contraire. Tout-à-fait au nord, il existe une grande montagne conique derrière laquelle se cachent le soleil, la lune et tous les astres, qui exécutent leur cours le long de la voûte céleste, et en dedans de ces hautes murailles qui circonscrivent la terre. Par leurs mouvements obliques, ces astres ne passent jamais au-dessous de la terre ; ils ne font que tourner autour de la grande montagne qui les cache à notre vue. Selon que le soleil s'éloigne ou s'approche du nord, et conséquemment selon qu'il s'abaisse ou s'élève dans le ciel, il disparaît derrière la montagne en un point plus ou moins éloigné de sa base, et demeure éclipsé plus ou moins de temps : de là l'inégalité des jours et des nuits, et la vicissitude des saisons. Du reste, Cosmas admet que non-seulement le soleil et la lune, mais tous les astres, sont conduits, chacun par des puissances spirituelles, par des anges, qu'il compare à des *lampadophores*[33] ; en sorte que les mouvements de ces astres sont dus à une *cause intelligente* qui préside à chacun d'eux. Ce sont encore des puissances angéliques qui préparent la pluie, rassemblent les nuages, et président aux vents, à la rosée, à la neige, à la chaleur, au froid, en un mot à tous les phénomènes météorologiques[34].

§ Ier. De la Topographie chrétienne de Cosmas Indicopleuste.

Tel est en substance le système de Cosmas. On peut facilement décider si quelque partie de ce système lui appartient en propre, ou bien si toutes les idées dont il se compose étaient plus ou moins répandues avant lui parmi les docteurs chrétiens. Il nous apprend lui-même qu'il ne l'a pas tiré de son propre fonds. « Ce n'est pas, dit-il, d'après ma propre opinion et mes propres conjectures que j'ai exposé la forme du monde ; c'est principalement d'après les leçons orales d'un homme divin et d'un grand maître, Patrice ; il vint ici du pays des Chaldéens, accompagné de son disciple Thomas d'Édesse, qui le suivait partout dans ses voyages. C'est lui qui m'a fait connaître la vraie et pieuse doctrine (ce qui veut dire le système conforme au texte de l'Écriture, que Cosmas expose dans son ouvrage), et maintenant il a été promu au siège épiscopal de toute la Perse[35]. »

Tout ce qu'il faut conclure de ce texte, c'est que le moine d'Alexandrie tenait son système d'un chrétien de Babylone, appelé *Patrice*, et que le maître ne méritait guère les pompeux éloges de son disciple. Mais ce système n'appartenait pas plus à l'un qu'à l'autre, comme cela résulte de l'examen des principales particularités qu'il présente, et dont je vais montrer l'origine.

§ II. De la pluralité des cieux.

D'abord l'idée d'un double ciel qui divise le monde en deux compartiments n'est que la conséquence de plusieurs textes de la Bible, entendus à la lettre. On la trouve en conséquence dans beaucoup d'ouvrages des premiers siècles du christianisme.

La plupart des docteurs chrétiens, expliquant littéralement les expressions de *cieux*, de *ciel des cieux*, dans plusieurs passages des livres saints, et de *troisième ciel*, dont se sert l'apôtre saint Paul, crurent à l'existence de plusieurs cieux[36]. D'autres, tels qu'Origène, prenant au figuré les mêmes expressions, prétendaient qu'on ne saurait trouver dans les livres saints canoniques la preuve qu'il existe sept cieux[37], ou même un nombre de cieux déterminé. Mais cette opinion n'eut pas beaucoup de partisans. On s'accorda en général à reconnaître la pluralité des cieux ; on différa seulement sur leur nombre et leur disposition. Les uns (comme saint Hilaire) crurent téméraire d'en fixer le nombre[38] ; d'autres, se conformant aux idées de la philosophie païenne, en admirent sept, huit, neuf et même dix[39]. Ils les concevaient comme des hémisphères concentriques qui venaient s'appuyer sur la terre[40], et à chacun desquels ils donnaient différents noms : Beda les met dans cet ordre, *aer, æther, olympus, spatium igneum, firmamentum, cœlum angelorum, cœlum Trinitatis*. Raban Maur nous a conservé une autre classification qui comprend, outre *cœlum Trinitatis*, sept cieux, savoir : *empyreum, cœlum aqueum*, sive *chrystallinum, firmamentum, spatium igneum, olympum, cœlum æthereum, cœlum aereum*.

Dans les deux listes de Beda le Vénérable et de Raban Maur, on aura remarqué l'*Olympe* qui occupe la place entre l'éther et la matière ignée. C'est encore là le reflet d'une ancienne opinion. Dans un passage très remarquable de Stobée[41] qui a été regardé par les meilleurs critiques[42] comme étant capital pour la connaissance du système cosmologique de Philolaüs, on voit que ce philosophe donnait le nom d'*Olympe* à l'extrémité supérieure de l'univers, composée de feu, comme le centre de cet univers[43]. C'est, je pense, en parlant de cette idée de Philolaüs, que certains commentateurs d'Homère, au rapport de Plutarque, prétendaient, d'après un vers de l'Iliade[44], que ce poète admettait la division de l'univers, en cinq parties ou mondes[45], savoir : l'Olympe, le ciel, l'air, l'eau, la terre, cette dernière occupant la partie inférieure, tandis que l'*Olympe* était situé à la partie supérieure : là, comme dans le système de Philolaüs, selon ces commentateurs, l'Olympe était évidemment la matière éthérée. C'est à cette division de l'univers en cinq parties que saint Basile fait allusion dans un passage de son *Hexaemeron*[46]. D'autres, confondant le ciel et l'éther, n'admirent que quatre parties, l'éther, l'air, l'eau et la terre[47] ; et l'on voit, par un passage d'Achilles Tatius, que les trois premières parties étaient censées former des sphères concentriques, qui enveloppaient celle de la terre[48].

Il est possible que l'interprétation citée par Plutarque appartienne à quelque pythagoricien, qui aura voulu expliquer Homère par les doctrines de l'école ; il paraît en effet, et cette application du nom de l'Olympe en est elle-même une preuve, que les pythagoriciens ont cherché, de fort bonne heure, à rattacher leurs systèmes sur la physique du monde aux traditions poétiques et religieuses. Ainsi, Philolaüs supposait que le centre du monde était occupé par le feu, autour duquel tournaient dix corps, savoir : le ciel étoilé, les cinq planètes, le soleil, la lune, la terre et l'antichthone, ou *terre opposée*, qui leur servait à expliquer les éclipses, système qui, pour le rappeler en passant, n'a rien de commun avec celui de Copernic, quoi qu'en aient dit Brucker, Bailly, Montucla et presque tous les historiens de l'astronomie et des mathématiques ; en cela ils n'ont fait que suivre l'autorité du savant Bouilliaud, qui avait donné à son ouvrage sur le vrai système du monde le titre d'*Astronomia philolaïca*. Philolaüs, rapportant ce système aux idées religieuses, donnait au feu central le nom de *Vesta*, de *mère des dieux*[49], d'*habitation de Jupiter*. Enfin, au témoignage d'Aristote, quelques-uns des pythagoriciens rattachaient l'existence de la voie lactée à la course de Phaéthon dans le ciel[50].

Il me paraît vraisemblable que l'*Olympe* de Beda et de Raban Maur remonte à l'opinion de Philolaüs ; seulement on voit que ces auteurs ou ceux qu'ils ont copiés ne l'avaient pas comprise, puisqu'ils distinguaient l'espace igné de l'Olympe, tandis que, dans l'opinion de Philolaüs, cet Olympe était précisément l'espace igné : mais ce n'est pas la seule fois que les docteurs chrétiens ont emprunté aux anciens leurs opinions sans les comprendre.

D'autres Pères de l'Église interprétèrent différemment les textes de la Bible sur ce sujet. Laissant de côté le troisième ciel de saint Paul, qu'ils entendaient d'une manière toute figurée et même symbolique[51], ils s'en tinrent à la Genèse, et n'admirent qu'un double ciel. C'est cette opinion que Cosmas a adoptée. Sa division du monde en deux compartiments ou deux étages, l'un supérieur, l'autre inférieur, paraît avoir été adoptée assez généralement. Elle était énoncée par Diodore, évêque de Tarse (en 378), dans un livre dont Photius nous a donné un extrait ample et curieux[52]. Ce père y combat les partisans de la sphéricité du ciel et de la terre. Il dit, dans un endroit : « Il y a deux cieux, l'un visible, l'autre invisible et placé au-dessus : le ciel supérieur fait en quelque sorte l'office de toit, par rapport au monde, comme l'inférieur par rapport à la terre ; et celui-ci sert en même temps de sol et de base au premier[53]. » Sévérianus, évêque de Gabala vers la même époque, parle également du ciel supérieur, qu'il dit être le *ciel des cieux* de David ; et il compare le monde à une maison à double étage, dont la terre serait le rez-de-chaussée ; le ciel inférieur, qui sert de lit aux *eaux célestes*, le plafond ; et le ciel supérieur le toit[54]. Eusèbe de Césarée, dans son commentaire sur Isaïe[55], et l'auteur des *Quæstiones et Responsiones*[56], admettent la même disposition ; c'est tout juste celle qui résulte de la description de Cosmas, puisqu'il se figurait l'intervalle d'un ciel à l'autre comme formant une espèce de compartiment dont le ciel inférieur était le fond et le supérieur le couvercle. On peut en dire autant de saint Basile[57]. Il admettait que la surface supérieure du premier ciel est plate, tandis que la surface inférieure, celle qui est tournée vers nous, est en forme de voûte. Il expliquait de cette manière comment les *eaux célestes* pouvaient s'y tenir et y séjourner[58]. Ce saint Père défend cette disposition contre les objections que les païens auraient pu y faire ; il leur demande en quoi l'existence d'un double ou même d'un *triple ciel* serait plus difficile à comprendre que celle de leurs sphères, « qu'ils disent être disposées comme des seaux de diverses grandeurs emboîtés les uns dans les autres[59]. » Allusion assez fine à un passage de Platon[60].

Selon Cosmas, le ciel inférieur était séparé du supérieur *par les eaux célestes*. Pour cette disposition, il se fonde sur des textes de Moïse : *Fiat firmamentum medio aquarum ; et dividat aquas ab aquis. Et fecit Deus firmamentum divisitque aquas quæ erant sub firmamento, ab his quæ erant super firmamentum*[61]. Il y ajoute d'autres textes tirés de la Genèse et des Psaumes[62].

Plusieurs Pères refusèrent de s'attacher à la lettre de ces textes, et Origène, par exemple, prétendit que par les eaux placées au-dessus du firmament, il fallait entendre certaines *classes d'anges* ; opinion que saint Augustin combat fortement[63]. Le plus grand nombre des Pères s'en tint au sens littéral de ces textes[64] ; et bien qu'ils sentissent toutes les difficultés d'une telle disposition, comme on le voit par tout ce que saint Basile[65] et saint Augustin[66] s'opposent à eux-mêmes, ils n'en crurent pas moins que les eaux célestes étaient soutenues par le firmament, qui avait des portes et des fenêtres. Car c'est ainsi qu'on interpréta les termes de *cataractes* ou de *fenêtres du ciel*, qui se trouvent dans la Genèse et les Psaumes[67] : on conçut que, par ces ouvertures, les eaux du ciel tombaient sous forme de pluie, à la volonté ou par les ordres de Dieu ; cette disposition, admise aussi dans la cosmographie populaire des Grecs, et dont Aristophane nous a donné une expression burlesque[68], fut regardée comme la condition indispensable de toute cosmographie prétendueorthodoxe[69]. Il serait difficile de dire toutes les subtilités auxquelles on eut recours pour appuyer une telle disposition, et la rendre un peu moins singulière[70]. Une des moins mauvaises explications qu'on imagina, fut que la divine sagesse ayant besoin de pluie pour la vie des hommes et des plantes, elle ne pouvait rien inventer de plus commode que cette couche d'eau, dont elle ménageait la chute selon le besoin de ses créatures[71].

D'autres, comme saint Basile et saint Isidore[72], pensèrent que Dieu avait voulu tempérer l'ardeur de la région éthérée par la froideur des eaux du ciel, ou bien empêcher que le monde inférieur ne fût brûlé par les feux qui embrasaient la partie supérieure de l'univers[73]. C'est encore là un souvenir de l'ancienne philosophie païenne. On a vu plus haut que l'olympe de Philolaüs était cette matière ignée, placée à l'extrémité supérieure de l'univers[74] : Parménide[75], Héraclite, Straton[76], et les stoïciens, croyaient que l'éther, ou la partie la plus élevée du monde, était une matière enflammée[77] par la rapidité du mouvement diurne[78] ; Anaxagore surtout s'était attaché à cette opinion[79], et l'on tirait même de cet état présumé de l'éther l'étymologie de son nom[80]. Les anciens philosophes avaient, je pense, été conduits à cette idée par la simple analogie tirée d'un phénomène très ordinaire : savoir, l'inflammation des matières combustibles et l'échauffement des pierres et des métaux par le frottement[81] ; ils en conclurent que l'éther, frotté si violemment par le mouvement rapide de la voûte solide du ciel, devait être une matière en état d'incandescence. Cette théorie, qui fut reçue, et, pour ainsi dire, remise en circulation par les néoplatoniciens, comme on le voit dans Plotin[82], passa de leur école dans les livres des saints Pères, entre autres, de saint Augustin, qui s'en servit pour expliquer l'existence des eaux célestes[83]. Ce grand saint, toutefois, ne se dissimulait pas combien cette disposition était contraire aux plus simples notions du bon sens. Mais comme elle était appuyée par des textes dont le sens littéral lui paraissait le seul admissible, il finit par conclure que, de quelque manière que l'on pût concevoir l'existence d'une couche d'eau sur le firmament, il fallait nécessairement qu'elle y fût : (*quoquo modo autem et qualeslibet aquæ ibi sint, esse cas ibi minimè dubitemus*) ; car, ajoute-t-il, toute la capacité de l'esprit humain doit céder à l'autorité de l'Écriture (*major est quippe Scripturæ auctoritas, quam omnis humani ingenii capacitas*[84]). Ce seul mot explique et excuse tant d'aberrations.

§ III. De la place occupée par les anges dans le monde physique.

L'idée que les anges occupaient une place intermédiaire entre la terre et le ciel, n'est pas non plus particulière au système de Cosmas et de Patrice. C'était l'opinion de saint Hilaire, ainsi que le reconnaissent les savants Bénédictins éditeurs de ses œuvres[85]. Théodore, évêque de Mopsueste, dans son ouvrage perdu *sur la création*, adoptait et développait la même idée[86] ; Jean Philoponus, qui la combat, déclare qu'elle n'est autorisée par aucun texte de l'Écriture, et en effet ni l'ancien ni le nouveau Testament n'en offre de trace : elle a été amenée par la nécessité d'expliquer les phénomènes ; et si je ne me trompe, on a puisé à une source qui a fourni bien d'autres explications, à la source platonicienne. Platon, dans le *Banquet*[87], dit qu'il existe des êtres appelés *démons*, intermédiaires entre l'homme et la Divinité, qui transmettent aux dieux les vœux et les prières des hommes, et aux hommes les volontés des dieux, par le moyen des oracles et des divers genres de divination, d'enchantements, de procédés magiques[88].

L'auteur de l'Épinomide[89] en parle dans le même sens ; il appelle ces démons une sorte de race aérienne qui occupe une *place* intermédiaire. Xénocrate, disciple de Platon, et dont l'Épinomide rappelle peut-être en ceci la doctrine, avait également fixé dans la région sublunaire les êtres semi-divins, ou démons invisibles à nos yeux[90]. C'est à la même source que Varron avait puisé l'opinion qu'il énonce en ces termes : *Inter lunæ verò gyrum et nimborum ac ventorum cacumina aerias esse animas, sed eas animo non oculis videri, et vocari heroas ; et lares et genios*[91].

Apulée reproduit, dans des termes analogues, l'opinion des néoplatoniciens de son temps. Il parle de puissances moyennes qui tiennent de la Divinité, et qui sont placées entre la terre et la haute région du ciel[92]. C'est également la doctrine de Proclus et de Plotin. Ainsi les platoniciens anciens et nouveaux avaient placé les démons précisément là où saint Hilaire, Théodore de Mopsueste et Cosmas ont depuis placé les anges, où saint Paul mettait les esprits malins[93].

Quant à cette autre idée de Cosmas, que des anges qu'il appelle *lampadophores* président aux mouvements des astres[94], selon Jean Philoponus, elle avait été admise par Théodore de Mopsueste, et elle avait trouvé des partisans auxquels il n'épargne pas le sarcasme. « Que ceux, dit-il, qui se portent défenseurs du sentiment de Théodore, nous disent dans quel endroit de l'Écriture divine ils ont appris que des anges mettent en mouvement la lune, le soleil et chacun des astres, les tirant à eux attelés comme des bêtes de somme, ou les poussant par derrière comme ceux qui roulent des ballots de marchandises, ou les faisant mouvoir de ces deux manières à la fois, ou enfin les portant sur leurs épaules. En vérité, qu'y a-t-il de plus ridicule que toutes ces suppositions ? Comme si Dieu, qui a créé le soleil, la lune et tous les astres, n'a pas pu leur imprimer le mouvement, ainsi qu'il a donné aux corps pesants et légers une tendance à se précipiter vers la terre, et à tous les êtres vivants une faculté de se mouvoir qu'ils tirent du principe d'activité qui les anime[95]. »

Dans ce beau passage, Jean Philoponus paraît entrevoir que la force dont les mouvements des corps célestes sont le résultat, pourrait avoir de l'analogie avec la pesanteur. Mais Jean Philoponus ne s'est pas plus douté de la théorie des forces centrales que Descartes, auquel Bailly attribue la découverte de la force centrifuge[96]. L'honneur des découvertes s'établit sur des titres un peu plus clairs. On peut rappeler ici qu'un des interlocuteurs d'un dialogue de Plutarque compare le mouvement de la lune autour de la terre à celui de la pierre dans une fronde en mouvement. Elle est retenue par la corde, qui l'empêche de s'échapper, en même temps que la rapidité de son mouvement la maintient à l'extrémité du rayon[97]. C'est là une image assez juste du combat des deux forces dans les mouvements circulaires. Le principe sur lequel cette image repose remonte, je pense, jusqu'au système d'Anaxagore[98], qui croyait que les corps célestes sont des pierres que la rapidité du mouvement diurne a entraînées de notre terre et maintenues ensuite dans les hauteurs du ciel.

On ne peut voir en tout ceci que des aperçus rapides et fugitifs, qui, n'étant amenés par aucune observation suivie, n'ont jamais été liés à aucune théorie fondée. C'est là, plus ou moins, le caractère de la physique des anciens.

Il paraît donc que les docteurs chrétiens partisans de l'opinion de saint hilaire et de Théodore concevaient de diverses manières le mouvement imprimé aux astres par les anges. Quelques-uns supposaient qu'ils les portaient sur leurs épaules, comme l'*omophore* des manichéens[99] ; d'autres, qu'ils les roulaient devant eux ou qu'ils les traînaient à leur suite. Cosmas, en assimilant les anges à des *lampadophores*, semble avoir cru que les astres étaient comme des flambeaux que les anges portaient à la main.

Cette opinion tient encore à celle de Platon qui, dans le Timée, suppose que chaque étoile est présidée par un génie ou une intelligence d'une nature intermédiaire entre la Divinité et l'homme, à moins qu'on n'aime mieux supposer que les mouvements si extraordinaires que plusieurs docteurs chrétiens prêtaient aux astres exigeaient l'action immédiate et constante d'une cause intelligente qui les poussait dans l'espace. On voit cette idée reparaître encore dans les écrits théologiques du moyen-âge, par exemple, dans un ouvrage bizarre[100] où l'abbé Trithème, l'auteur de la fabuleuse chronique des Francs, donne la succession exacte des *sept anges*, ou esprits des planètes, qui, les uns après les autres, et chacun pendant le même espace de trois cent cinquante-quatre ans, ont gouverné les affaires de ce monde, sous l'inspection de la Providence, depuis la création jusqu'à l'an de grâce 1522[101]. Ce qu'il y a de plus remarquable, c'est de voir cette même opinion exprimée dans l'ouvrage du jésuite Riccioli, très savant astronome, à qui ses supérieurs n'avaient accordé la permission de lire les dialogues de Galilée qu'à la condition de les combattre. Cet antagoniste *malgré lui* de Copernic eut recours à l'opinion platonicienne, et plaça des intelligences célestes dans les étoiles. Il y fut contraint pour répondre aux objections victorieuses que ce grand homme et Galilée tiraient de l'invariabilité des distances relatives des astres pendant le mouvement diurne. Alors que le cours capricieux des comètes avait déjà brisé les cieux de cristal auxquels les anciens astronomes attachèrent les astres, Riccioli ne pouvait expliquer cette difficulté

§ III. De la place occupée par les anges dans le monde physique.

énorme qu'en admettant qu'il y a dans chaque étoile un *ange* fort attentif à ce que fait son voisin, et qui pousse l'étoile à laquelle il préside plus ou moins vite selon sa distance, de manière que, vues de la terre, les distances relatives ou les intervalles angulaires restent toujours les mêmes. Présenter sérieusement une pareille solution, c'était avouer qu'on n'avait rien à répondre. Mais il n'est pas bien sûr que Riccioli ait cru un mot de ce qu'il disait. Trop bon astronome pour ne pas sentir les mérites du système qu'il avait l'ordre de combattre, il l'attaque le plus souvent en avocat qui voudrait perdre sa cause. On voit qu'il ne lui a manqué, pour être copernicien, que la *licenza de' Superiori*.

§ IV. De la forme du monde et du mouvement des astres.

Quant aux traits caractéristiques du système de Cosmas, je veux dire ses idées sur la forme du monde, sur les mouvements des astres autour de la partie élevée de la terre, sur les hautes murailles qui l'entourent et soutiennent le ciel, on est encore certain que ni lui ni son maître ne les avaient tirés de leur propre fonds. J'ai déjà remarqué que le sens donné par cet auteur aux mots ἅγιονκοσμικόν dans saint Paul, était adopté par plus d'un commentateur de cette époque. Or, ce sens est en quelque sorte le pivot de tout le système ; car, du moment qu'on admettait que le tabernacle de Moïse avait été construit à l'imitation du monde, on était nécessairement conduit à admettre que le monde avait la forme de ce tabernacle. Aussi avons-nous vu que Sévérianus de Gabala et Diodore de Tarse se figuraient le monde comme une maison à double étage, ce qui rentre tout-à-fait dans la même idée ; ce dernier auteur achève la ressemblance en donnant au ciel, de même que Cosmas, la figure d'une tente dont la partie supérieure serait en forme de voûte[102]. D'ailleurs, dit Photius, il cherchait à rendre compte, dans cette hypothèse, du lever et du coucher du soleil, de l'augmentation des jours et des nuits et des autres phénomènes de ce genre, et, à l'appui de ses idées, il citait des textes de l'Écriture. C'est dire assez que, dans cette partie de son livre, Diodore traitait le même sujet que Cosmas, et, d'après la figure qu'il attribuait au monde, on doit croire que ses explications ne différaient pas beaucoup de celles du moine égyptien, si elles n'étaient pas exactement les mêmes. Photius, qui ne se montre nulle part favorable à tous ces systèmes, s'exprime sur celui de Diodore avec une réserve pleine de modération et de prudence. « Diodore, dit-il, appuie son opinion, du moins il le croit, sur des témoignages de l'Écriture, relatifs non-seulement à la figure (du monde), mais au coucher et au lever du soleil ; il recherche aussi la cause de l'augmentation et de la diminution des jours et des nuits, et s'occupe d'autres sujets de ce genre, qui n'ont rien de fort nécessaire, à mon avis, bien qu'ils aient en effet *quelque connexion avec les livres saints*. Sans doute, dans ce qu'il dit à cet égard, on reconnaît un homme plein de piété ; mais on n'accordera pas aussi facilement qu'il se serve avec discernement des témoignages de l'Écriture. »

Jean Philoponus, en critiquant le livre de Théodore de Mopsueste, parle de la forme que cet évêque donnait au monde, qu'il se représentait comme la moitié d'un cylindre coupé longitudinalement, et ayant une longueur double de sa largeur[103] : or, le monde de Cosmas a presque exactement cette même forme, et il présente les mêmes rapports de dimension.

Ce passage, et ceux que j'ai déjà cités, me semblent prouver que le système de Théodore de Mopsueste était à très peu près le même que celui que Cosmas nous fait connaître.

On voit encore par ce passage de Jean Philoponus que plusieurs substituaient à la forme d'un demi-cylindre celle d'un œuf coupé par moitié perpendiculairement à son grand axe, ce qui revient encore à peu près au même.

Il existe dans ce système un autre trait qui est inséparable des idées sur la forme du monde et sur les mouvements des astres, et qui, en conséquence, n'a pu manquer de se trouver aussi dans celui de Diodore de Tarse, de Sevérianus de Gabala et de Théodore de Mopsueste. C'est l'élévation progressive de la terre depuis le midi jusqu'au nord, et de la *grande montagne* derrière laquelle les astres se cachent tous les soirs. Jean Philoponus fait une courte mention de cette opinion singulière : « Quant à ce que prétendent quelques-uns, dit-il, que le soleil retourne vers l'orient, en passant le long des régions boréales, et derrière de très grandes montagnes qui le cachent, c'est une ancienne opinion absurde et ridicule[104]. » Voilà probablement ce qu'en pensaient tous ceux qui avaient quelque teinture des sciences physiques ; mais nous avons dit que parmi les auteurs chrétiens de cette époque beaucoup y étaient tout-à-fait étrangers ; aussi, bien loin d'avoir rejeté cette opinion comme ridicule, ils l'avaient accueillie dans leurs systèmes comme orthodoxe. L'anonyme de Ravenne, dans sa Cosmographie, écrite à la fin du VIIe siècle ou au commencement du VIIIe, et qui n'est qu'une mauvaise traduction d'un livre grec, admet aussi que la terre est plate ; selon lui, le soleil la parcourt dans l'espace de douze heures ; à la première, il se trouve au-dessus des Indiens ; à la deuxième, au-dessus des Perses, et ainsi de suite jusqu'à la douzième, où il atteint le point du ciel correspondant aux Bretons et aux Scotes[105] : et ce qui prouve, selon l'anonyme, que la terre est plate, c'est que chaque point de la terre voit le soleil pendant douze heures[106]. Il existe, dans la partie septentrionale de la terre, des montagnes derrière lesquelles cet astre se cache tous les soirs[107] ; et si personne n'a jamais vu ces montagnes, ajoute-t-il prudemment, c'est que Dieu n'a pas voulu qu'on les vît[108]. Voilà une de ces raisons qui dispensent de toutes les autres. Le *Deus ex machinâ* était un moyen d'explication qu'on tenait en réserve pour toutes les occasions difficiles. On en faisait usage, par exemple, pour rendre compte de la suspension de la terre dans l'espace. Ceux des chrétiens qui persistaient, comme Jean Philoponus, à croire que l'Écriture n'était point contraire au système de Ptolémée, expliquaient avec facilité, dans leur sens, les textes de l'Écriture : *Deus fundavit terram super stabilitatem suam*[109], et surtout : *Deus appendit terrant super nihilum*[110]. Ils y voyaient la suspension de la terre, telle que l'entendaient Platon, Aristote et Ptolémée, c'est-à-dire l'équilibre et l'immobilité d'une sphère, également sollicitée de toutes parts. Mais ceux-là qui assuraient que la terre est plate comme une table, et qu'elle soutient le poids des cieux, étaient fort embarrassés de savoir ce qui la soutenait elle-même. Ils se tiraient d'embarras en affirmant, d'après les mêmes textes, que si la terre se soutenait toute seule dans l'espace, *c'est que Dieu le voulait ainsi*[111]. Solution qui ne laissait pas le plus petit mot à dire aux adversaires.

La même théorie que celle de Cosmas est exposée dans un fragment inédit *sur le ciel, la lune, le temps et les jours*, dont il est assez difficile de dire quel est l'auteur. On y voit que le ciel est comme une peau étendue sur l'univers, en forme de voûte, conformément aux paroles de Daniel et d'Isaïe ; que la terre a la figure d'un cône ou d'une toupie, en sorte que sa surface va en s'élevant du midi au nord ; à la partie septentrionale est la sommité du cône, derrière laquelle le soleil se cache pendant la nuit[112], ce qui revient assez exactement à la théorie de Cosmas ou de l'anonyme de Ravenne, et des auteurs chrétiens que critique Jean Philoponus.

On connaît le texte de l'Ecclésiaste[113] : *Oritur sol et occidit, et ad locum suum revertitur : ibique renascens gyrat per meridiem, et flectitur ad Aquilonem : lustrans universa in circuitu, pergit spiritus et in circulos suos revertitur.* Jean Philoponus[114] nous assure que certains auteurs voyaient, dans ce texte, la preuve que le soleil ne passe pas sous la terre quand il est couché, et s'en servaient pour établir un système tout pareil à celui que Cosmas a exposé dans son ouvrage. Jean Philoponus, après avoir montré que ce texte peut facilement s'expliquer dans le système de Ptolémée, se moque de l'opinion de *certain auteur* qui, prenant à la lettre les paroles de Salomon, se figurait que le soleil, arrivé le soir au terme de sa course, *sort du ciel*, glissant derrière cette voûte solide qui le cachait à nos yeux, et va regagner le levant, où il se retrouve le matin[115]. Il est curieux de voir, après tant de siècles, reparaître une des notions favorites de la cosmographie des poètes grecs. Cette idée, que le soleil *sort du ciel* pour aller rejoindre par derrière le point de son lever, n'est-elle pas identique avec l'ancien mythe, dont les traces se trouvent dans des fragments de Pisandre, de Mimnerme, d'Eschyle, d'Antimaque et de Phérécyde[116], d'après lequel Hélios, sortant du ciel par la porte du levant, parcourait obliquement l'atmosphère, jusqu'à la porte du couchant : là il rentrait dans le ciel, et, s'embarquant avec son char et ses coursiers sur un vaisseau d'or, voguait pendant la nuit le long de cette voûte de métal, et revenait à la porte opposée ? Mais il y a bien d'autres exemples de cette réapparition des idées primitives et poétiques.

Jean Philoponus ne nomme point celui qui avait tiré une conséquence si singulière du passage de Salomon. Je crois qu'il avait en vue Sévérianus de Gabala, à moins qu'une pareille idée n'eût passé par la tête de plusieurs, ce qu'assurément je ne voudrais pas nier. Quoi qu'il en soit, il me paraît certain que l'évêque de Gabala expliquait en ce sens le texte de l'Ecclésiaste. « Cherchons, dit-il, où le soleil se couche, et où il va pendant la nuit. Selon les païens, il passe sous la terre ; mais, selon nous, qui disons que le ciel est *fait comme une tente*, où va-t-il ?... Eh bien ! figurez-vous que le ciel forme une voûte au-dessus de nos têtes, que cette voûte est divisée en quatre régions, de l'Orient, du Nord, du Midi et de l'Occident. Lorsque le soleil se couche, il ne passe pas sous la terre ; mais, arrivé aux limites du ciel, il court au septentrion ; là, il est caché à nos yeux comme par une sorte de mur, la masse des eaux célestes nous empêchant d'apercevoir sa course ; il longe la région boréale et va gagner l'Orient. Vous demanderez où en est la preuve. Elle est dans l'Ecclésiaste du bienheureux Salomon[117]. » Son explication des jours et des nuits est encore plus curieuse : « Nous savons, mes frères, que le soleil ne s'élève pas toujours des mêmes endroits du ciel. À son lever il s'approche ou s'éloigne du Midi. Approche-t-il du Midi, alors il ne gagne pas les hauteurs du ciel, il le traverse obliquement, et la durée du jour est courte. Mais comme il se couche au point extrême de l'Occident, il doit parcourir pendant la nuit tout l'Occident, tout le Nord et tout l'Orient : la nuit est donc nécessairement fort longue. Lorsqu'il se lève au point milieu de l'Orient, il y a égalité dans la longueur du chemin, le jour et la nuit sont égaux : s'approchant toujours du Nord, quand il est arrivé au point extrême, il s'élève dans le ciel, et le jour est long ; et comme il a pendant la nuit un petit espace à parcourir, la nuit est courte. Cette doctrine, ajoute-t-il, ce ne sont point les Grecs qui nous l'apprirent, car ils veulent que le soleil et les astres passent sous la terre, c'est l'Écriture, notre divin maître, qui nous instruit de ces choses, qui éclaire notre esprit. »

La théorie de Cosmas, qui nous paraît si extravagante, tire encore son origine de la philosophie grecque. Il s'appuie lui-même de l'autorité de Xénophane et d'Éphore. Pour le dernier, nous ignorons si la citation est juste ; mais on n'en saurait douter pour Xénophane, et même il pouvait y ajouter Anaximène.

Xénophane et Anaximène furent aussi embarrassés que l'avaient été Thalès et Anaximandre pour comprendre la suspension de la terre dans l'espace[118]. Rejetant le fluide aqueux de l'un et le fluide aériforme de l'autre, ils eurent recours tous deux à des hypothèses non moins étranges, qui nous expriment bien leur perplexité, et en même temps leur complète ignorance dans la physique du monde.

Jean-Antoine Letronne

Xénophane, ne pouvant concevoir que l'air, quelque pressé qu'on le supposât, pût supporter une masse aussi lourde que la terre, crut se tirer d'embarras en supposant qu'elle avait la forme d'un cône prolongé *à l'infini* dans les profondeurs de l'espace, en sorte qu'elle ne remuait pas, ne pouvant aller nulle part[119]. Si le texte formel d'Aristote n'était pas là pour nous garantir la réalité de cette absurde opinion, on ne pourrait croire qu'elle fût entrée dans la tête d'un homme doué de quelque sens. Mais il n'y a pas moyen d'élever ici le moindre doute. Cette hypothèse, pour avoir une apparence plus scientifique que l'*Atlas* des poètes grecs[120], ou que le grand serpent des mythologues indiens, n'était pas beaucoup plus raisonnable. Quoi qu'il en soit, dans l'hypothèse que la terre est un cône d'une longueur infinie, il est impossible de concevoir[121] que les astres passent au-dessous d'elle dans leur révolution diurne. Xénophane fut donc, de toute nécessité, obligé d'admettre qu'ils tournent obliquement autour de la partie supérieure du cône terrestre, et de cette manière il fut amené par une idée spéculative dont il est l'inventeur[122] à la même théorie qui est admise dans la cosmologie indienne.

Il n'y a là évidemment aucune influence étrangère. L'idée de prolonger la terre à l'infini sous la forme d'un cône n'appartient qu'à lui ; or le système sur le mouvement du ciel et des astres en est une conséquence inévitable. C'est donc là une combinaison sortie tout entière d'un cerveau grec. Le mont *Méru* des Indiens, le mont Abordj des Parses, n'ont rien à y réclamer ; la *symbolique de l'Orient* est encore ici hors de cause. Anaximène, contemporain de Xénophane, et selon quelques-uns son disciple, adopta cette idée sur le mouvement des astres, quoiqu'il n'en eût pas besoin pour son système sur l'immobilité de la terre. Comme lui, il crut que la terre est terminée au nord par des montagnes élevées ; que les astres tournent autour d'elle et non pas au-dessous[123]. Il comparait le mouvement de la voûte céleste à un *bonnet qu'on ferait tourner autour de la tête* ; et, selon lui, s'ils disparaissent journellement à nos yeux, c'est qu'ils vont *se cacher derrière les parties hautes de la terre*[124]. C'est là fort exactement le système de Xénophane ; c'est également celui de Cosmas. Et ces expressions ne permettent pas de croire qu'elle ait été bornée à l'école de Xénophane et d'Anaximène, qui n'eut ni une grande durée ni une grande éten-

---

§ IV. De la forme du monde et du mouvement des astres.

due. Elle a dû faire partie de la doctrine physique de plusieurs des sectes anciennes. Festus Aviénus, poète érudit, qui a fait passer dans ses vers une multitude de notions et d'idées anciennes prises chez les poètes et chez les philosophes, parle de cette antique doctrine sur le cours des astres… *non eum (solem) occasu premit, nullos subire gurgites, nunquam occuli, sed obire mundum, obliqua cœli currere…* ; et il l'attribue aux épicuriens : *scis nam fuisse ejusmodi sententiam epicureorum*[125].

C'est le seul témoignage qui nous instruise de ce point particulier de la doctrine des épicuriens. Mais il n'a rien que de vraisemblable d'après les autres points connus de leur physique, qui était le comble de l'absurde ; il suffit de citer pour exemple leur opinion bien avérée[126] sur la grandeur du soleil et de la lune, qu'ils croyaient telle qu'elle nous paraît à la vue ; d'où il suit nécessairement qu'ils jugeaient ces deux astres très voisins de la terre. Plusieurs critiques ont essayé d'interpréter cette opinion des épicuriens dans un sens qui leur fît un peu plus d'honneur ; mais les paroles des anciens sont si formelles, qu'il n'y a pas moyen d'admettre aucune de ces interprétations bienveillantes.

Cosmas et les autres docteurs chrétiens partisans de son opinion ne manquaient pas, comme on voit, d'autorités à l'appui de leur système. Ils pouvaient à l'envi puiser dans toutes ces hypothèses où se perdit l'imagination des Grecs avant de s'élever à l'idée de la sphéricité de la terre. Cette idée fut admise d'abord par les pythagoriciens, et elle naquit dans leur école, moins de l'observation des phénomènes dont ils ne s'occupaient guère, que de leurs vues toutes spéculatives sur la perfection de la figure sphérique. La rondeur de la terre fut bientôt admise dans les écoles de Zénon et de Platon, et elle commença dès-lors à se répandre parmi les physiciens. Elle mit enfin un terme à leur longue perplexité sur le maintien de l'équilibre de la terre. Aristote a caractérisé la vanité de toutes leurs hypothèses par cette phrase : « On pourrait s'étonner de ce que les solutions de cette difficulté n'aient pas paru à leurs auteurs plus inexplicables que la difficulté elle-même[127]. »

CONCLUSION.

Telles sont les principales *idées cosmographiques* que les Pères de l'Église ont tirées de l'interprétation littérale de la Bible. La terre plate, le ciel formant une voûte solide au-dessus de laquelle est la couche des eaux célestes, voilà les notions fondamentales de la cosmographie biblique, et celles que les saints Pères y ont vues, parce qu'elles y sont réellement. Pour expliquer ces notions si contraires au système alexandrin, ils eurent recours aux hypothèses puériles que l'influence de la poésie grecque avait popularisées, ou que l'abus de la métaphysique et le dédain de l'observation avaient fait naître dans le cerveau des philosophes grecs. Forts de cette autorité, ils durent espérer que les païens ne se révolteraient pas contre des explications qui émanaient des sages de l'antiquité. Ils eurent recours à des emprunts du même genre pour expliquer la position du paradis terrestre, et le tableau des notions qu'ils firent valoir à l'appui de leurs idées à ce sujet est une des parties les plus curieuses, mais certainement une des moins connues de l'histoire des systèmes géographiques.

Tous ces vieux préjugés, tous ces vains systèmes que les progrès des sciences mathématiques dans l'école d'Alexandrie avaient à peine atteints, reparurent avec bien plus de force à l'abri de l'autorité des saints Pères ; ils firent une nouvelle invasion, et se répandirent partout à la suite du christianisme ; ils régnèrent pendant tout le moyen-âge. De là, les obstacles que les théologiens de Rome opposèrent aux progrès de la vraie philosophie et des sciences d'observation, en persécutant Galilée, en détruisant l'académie *del Cimento*, en faisant craindre à Descartes de se prononcer pour le mouvement de la terre, et en mettant le savant Tycho dans la nécessité de recourir à un système astronomique infiniment moins raisonnable que celui de Ptolémée. Mais enfin, lorsque les immortelles découvertes de Kepler, de Huyghens et de Newton eurent repoussé de proche en proche dans l'absurde toutes ces idées puériles qu'on avait défendues pied à pied comme orthodoxes, il fallut bien qu'en matière d'astronomie et de physique générale, l'autorité des opinions reculât devant l'évidence des faits.

De cette lutte opiniâtre d'où la raison humaine est enfin sortie victorieuse, il résulte un enseignement dont il faut profiter : c'est que les préjugés ne cessent de combattre que quand ils ont perdu l'espoir de vaincre ; cet espoir, ils le conservent tant que la vérité qui leur est contraire, bien qu'ayant acquis le caractère de l'évidence aux yeux des savants, n'est pas descendue dans tous les esprits. Mais lorsqu'il est devenu *tout-à-fait* impossible de s'y opposer sans danger, on finit par reconnaître comme orthodoxe, ou du moins comme indifférent à la foi, ce qu'on avait déclaré hérétique. C'est ce qui est arrivé déjà pour le vrai système du monde[128], que les théologiens du pape déclarèrent *absurde en philosophie, et formellement hérétique en religion*. C'est ce qui arrivera, n'en doutons pas, pour les autres sciences, dès qu'il sera devenu évident que Moïse et les prophètes y sont restés tout aussi étrangers qu'à l'astronomie.

NOTES.

1. Joh. Philopon. de Creat. mundi, III, 13 ; p. 134, 135.
2. Id., p. 58, 79, 114, 119, 120 et alibi.
3. Dans la Collect. nova Patr., I, p. 460. E. ed. Montf.
4. Præf. in Euseb. in Coll. nov. Pat., I, 355.
5. Comm. in Hesaïam. — Coll. nov., II, 511, D.
6. Biblioth. cod. 36, p. 9, ed. Hoesch. — 7, col. 2, l. 14, 15, ed. Bekk.
7. Ap. eumd., cod. 223, p. 362, ed. Hoesch. — p. 220, col. 2, l. 15, Bekk.
8. Frayssinous, Défense du Christianisme, II, p. 202-203 ; 1825. in-12.
9. Bergier, Dict. de Théol., art. jour. — Les Bénéd., auteurs de l'Art de vérifier les dates, avant l'ère chrét., p. 106, in-4°. — Rosenmüller in Pentat, I, p. 58-59. — Eichhorn, Urgeschichte, P. I, p. 151, etc.
10. Heyne, de Hesiodi Theol., Comm. Gott., t. II, p. 137. — Pott, Moses und David keine Geologen (Moïse et David nullement géologues), p. 47. Berl. 1799. Ce petit ouvrage, d'un savant théologien d'Helmstadt, a pour objet de réfuter la géologie biblique de

Kirwan (dans ses Geological Essays, p. 35 et suiv.). L'auteur veut prouver que le premier chapitre de la Genèse, 1° ne contient point de révélation ; 2° encore moins une révélation de faits géologiques ; 3° en aucune façon une révélation faite à Adam ou à Moïse.

11. In Genes., II, 9. — Opp. t. III, p. 135. B.
12. Bibliotheca, cod. 36.
13. Fabr. Bibl. gr., III, 24 ; t. II, p. 612.
14. Cosmas, p. 121. A. B ; 157. A ; 275. A.
15. Id. p. 114, E.
16. Id. p. 119, D.
17. De facie in orbe Lunæ, p. 923 — t. IX, p. 654. Reisk.
18. Hebr. IX, 1.
19. Cf. Schleusner. nov. Lexic. nov. Test., I, 1309.
20. Don Calmet, Comm. sur saint Paul, II, p. 689.
21. Cosmas, p. 115, D ; 196, E ; 197, A.
22. Hes. XL, 22. — Cosmas, p. 129, D ; 305, C.
23. Hes. XLII, 5.
24. XXXIII, 38.
25. Cosmas, p. 129, D.
26. Ant. Jud. III, 8, 7 ; I, p. 155, 156, ed. Haverc. — Tout cela est dans le goût d'Olympiodore qui interprète les quatre chevaux d'Apollon par les deux solstices et les deux équinoxes. (Dans le Platon de M. Cousin, t. III, p. 446.)
27. De somniis, I, § 37, t. I, p. 654, ed. Mang. — De vitâ Mos. III, § 12, t. II, p. 152. — De Monarch. II, 5, t. II, p. 226.
28. Stromat. V, p. 664-669, ed. Pott.
29. Delambre, Hist. de l'Astr. mod., I ; Disc. prélim. p. XX.
30. Cosmas, p. 286, D.
31. Id. p. 313, E.
32. Id. p. 186, D.
33. Cosmas p. 150, A. C.
34. Ubi suprà et p. 156, D. E. 289, A.
35. Id. p. 125, A. Cf. VIII, p. 306, D.

36. S. Hilar. In Psalmos, CXXVI, II. — Opp. p. 487. A. S. Basil. In Hexaem. Hom. III, 24. C.

37. Origen. contrà Cels. VI, p. 289, ed. Spenc.

38. S. Hilar. ubi suprà, p. 486, D. E.

39. S. Aug. in Genes. XII, 57. — Opp. III, P. I, p. 318, E.

40. Tels que les Manichéens (Beaus. H. d. M. II, p. 366).

41. Ecl. phys. p. 488, ed. Heer.

42. Tiedem. alt. Phil. p. 456, ff. — Boeckh, Philolaos, p. 98, ff.

43. Boeckh, ouvrage cité, p. 99.

44. XV. 192.

45. De def. orac. p. 422. — T. VII, p. 666. Reiske. Je corrige une transposition qui a eu lieu dans ce texte.

46. Hexaem. Homil. I, II, p. 10. E.

47. Ap. S. August. de civit. Dei, VII, 6, p. 630.

48. Ach. Tat. Isag. § 21, p. 142. C.

49. Ideler, Ueber das Verhaltniss des Copernicus zum Atterthum, dans le Museum der Atterthum-Wissenschaft, T. II. p. 408 — Cf. Boeckh, Philolaos, p. 94, ff.

50. Meteorol. l. 8, init. p. 538. A.

51. S. August. in Genes. XII, 67. — Opp. t. III, part. I, p. 322 D. — 324. B. C.

52. Phot. cod. 223, p. 210, col. 1, l. 43 ; ed. Bekk. — 211, col. 2, l. 42.

53. Phot. p. 220, l. 5, 59.

54. Sever. Gab. p. 215. B.

55. Collect. nov. Patr. t. II, p. 511. B.

56. P. 424. C. inter. Opp. S. Just. mart.

57. In Hexaem. Hom. III, 3, p. 24. A. B.

58. Id. 4, p. 25. C.

59. Id. p. 24. C.

60. De Republ. X, 616. D. — Parménide, dans le même sens, comparait les plans de ces sphères à des couronnes concentriques (Pseudo-Plut. de Plac. phil. II, 7, ibiq. Corsini.)

61. Genes. I, 6.

62. Laudate eum cœli cœlorum et aquæ omnes quæ super cœlos sunt. Psalm. CXLVIII, 5. — qui tegis aquis superiora ejus. CIII, 3. — et mandavit nubibus desuper, et januas cœli aperuit. LXXVII, 23.

63. De civ. Dei, XI, 34, p. 1113.

64. Selon l'abbé Bergier, savant docteur de Sorbonne, auteur du Dictionnaire de Théologie de l'Encyclopédie (art. ciel, et eaux), ce sont les incrédules qui ont prêté à Moïse l'idée que le ciel est une voûte solide recouverte d'une couche d'eau et percée de trous, etc. Ce docte théologien n'a pas songé qu'il range ainsi d'un trait de plume presque tous les Pères de l'église parmi les incrédules.

65. In Hexaem. III, 7, p. 29.

66. In Genes. II, c. 4.

67. Genes. VII, 11 ; VIII, 2. — Psalm. LXXVII, 27. — Cf. Schleusn. Nov. Thes. Vet. Test. T. III, p. 91, 251, 252.

68. Aristoph. Nub. v. 372.

69. Auctor quæst. et respons. 93, p. 449 B. C. — Theophil. ad Autolyc. II, 9.

70. Cf. Lud. Vives ad S. Aug. Civ. Dei, XI, 34, p. 1114. — Cf. S. Justin Martyr, l. l.

71. S. Cyrill. Hierosol. Cathech. IX, p. 76. B. C. — Ailleurs, S. Cyrille donne une autre raison (p. 17. B.) qui n'est pas beaucoup meilleure.

72. Ap. Lud. Viv. in S. Aug. l. l. — Cf. Auctor quæst. et respons. 93, p. 448.

73. « Cujus scilicet naturâ artifex mundi Deus aquis temperavit, ne conflagratio superioris ignis inferiora elementa succenderet. Isid. ap. Vinc. Bellov. Spec. mundi, III, 82.

74. Carus, Ideen zur Geschichte der Philosophie, p. 288.

75. Stob. Eclog. phys. p. 500, ed. Heer.

76. Diog. Laert. VII, 137.

77. Arist. Meteor. I, 3, p. 530. A. et alibi. — Pseudo-Arist. de mundo, II, 5, ibi Kapp.

78. Id. de cœlo, II, 7, p. 460. A.

79. Carus, de font. Anax. Cosmo-Theor. p. 711.

80. Mais Aristote faisait venir ce mot de ἀεὶ θειν, toujours courir. Cf. Kapp. ad Tract. de mundo, Exc. II.

81. Aristote, de cœlo, II, 7, p. 460. B. — Cf. S. Justin. Mart. Arist. dogm. evers. § 55, p. 152. — Quæst. et resp. ad Gr. p. 196. D. E.

82. Enn. III, c. 3, p, 138.

83. In Genesin, II, 5. — Opp. III, p. 133. E. part. I.

84. S. Aug. in Genes. II, 9. — Opp. III, p. 135, B. part. I.

85. S. Hil. in Psalmos. — Opp. p. 486. A. B, 487. A. ibique annotat.

86. J. Philopon. de Creat. I, 16, p. 31 ; 17, p. 32.

87. P. 202. E. 203. A. — Cf. Plutarch. de Is. et Osir. p. 361. B. C.

88. Cette idée sur le rôle des démons fut tellement répandue chez les païens, d'après une si grande autorité (cf. Maxim. Tyr. XIV, 8. — Procl. in Tim. I, p. 49. Plut. de Isid. et Osir.p. 361, B. C. — Aristid. orat. t. II, p. 106, ed. Jebb. etc.), que les Pères de l'église ne purent guère se dispenser d'attribuer aux démons les oracles de l'antiquité. Leur opinion à cet égard fut à peu près unanime. Le jésuite Baltus (Réponse à l'hist. des oracles. Strasb. 1707,) a très bien prouvé que Vandale et Fontenelle, en n'y voyant que l'œuvre de l'imposture, vont formellement contre l'autorité des saints Pères ; ce qui ne prouve pas du tout, comme le concluait Baltus, que Vandale et Fontenelle aient tort ; du moins aucun homme de sens ne le soutiendrait à présent. Dans un très bon livre de théologie, l'Herméneutique sacrée, M. Janssens, art. 47, avance que Tatien, Origène, Eusèbe, S. Jean Chrysostôme, etc., n'ont vu dans les oracles que le résultat de la fraude ; les preuves du contraire sont rassemblées dans les chap. 3 à 9 du livre de Baltus, et dans les chap. 2, 3, 4, 5, 8, etc. de la suite de sa Réponse.

89. § 8. page 985. D — page 510, ed. Ast. Ἕδρα est pris dans un sens physique.

90. Stob. Ecl. phys. I, 62. Heer. — Plut. de Is. et Osir. p. 361 — VII, p. 425. Reiske.

91. Varro ap. S. Aug. in Civit. Dei, VII, 6, p. 630.

92. De Deo Socrat. II, p. 133, ed. Oudend. « Cœterum sunt quædam divinæ mediæ potestates, inter summum æthera et infimas terras in isto intersitæ aëris spatio, per quas et desideria nostra et merita ad Deos commeant, » etc.

93. Ephes. II, 2 ; VI, 12.

94. Selon d'autres, chaque pays de la terre avait son ange particulier. Polychron. in Daniel. ap. script. vet. part. II, p. 144. Rom. 1825. — Cf. Suarez, de Angelis, VI, 18.

95. J. Philop. de creat. Mundi, I, 12, p. 25.

96. Delambre, Hist. de l'astron. mod. II, p. 212.

97. De fac. in orbe lun. IX, p. 652.

98. Pseudo-Plut. Plac. ph. II, 13 ; Stob. Éclog. phys. I. 508, ed. Heer. — C'est, je pense, cette opinion d'Anaxagore qui donna lieu de lui attribuer la prédiction de la chute de l'aérolithe tombée près d'Ægos Potamos. (Plut. Lysand. c. 12.) Il pensait que les astres sont des pierres que la rapidité du mouvement diurne a enlevées de la surface de la terre, et qui, après avoir été enflammées par l'éther, sont devenues des astres éclatans. Or, comme dans ce système, il devenait possible que quelques-unes des pierres entraînées par le tourbillon éthéré retombassent sur notre terre, on aura attribué à Anaxagore la prédiction d'un phénomène dont son système avait en quelque sorte donné l'explication d'avance.

99. Beausobre, hist. du manich. II, 374, 375.

100. De septem secundeis, id est, intelligentiis sive spiritibus, orbes post decem moventibus. Argentor., 1600.

101. Il est singulier que la durée des règnes de chacun des anges contienne précisément autant d'années que l'année lunaire contient de jours. Cela doit se rattacher à quelque rêverie astrologique.

102. Diod. Tars. ap. Phot. p. 220, l. 12. Sq. – Bekk.

103. J. Philopon. de creat. mundi, III, 10, p. 119.

104. J. Philopon., de Creat. Mundi, III, 10, p. 124, 125.

105. Anon. Ravenn. I, 2, 3.

106. Id. I, 4.

107. Id. I, 9, p. 21, 22.

NOTES.

108. Id. I, 10, p. 23.

109. Psalm. CIII, 5.

110. Job. XXVI, 7.

111. Auctor Quæst. et resp. ad orth. 130, p. 481, A. — Nullisque fulcris, sed divinâ potentiâ sustentatur. Vinc. Bellov. VI, 4, p. 372, c.

112. Cod. Bibl. Reg. n° 854, f° 193, r°.

113. I, 5.

114. Creat. Mundi, III, 10, p. 122.

115. III, 10, p. 126.

116. Ap. Athen. XI, p. 469, 470.

117. De creat. Mundi, ap. Combef. in Bibl. gr. Patr. Auct. p. 236. D, 237, A.

118. Je préviens que, d'après l'autorité d'Aristote, je mets de côté des textes récens du faux Plutarque, de Diogène de Laerce et de Pline, et que je refuse à ces deux philosophes la connaissance de la sphéricité de la terre.

119. Arist. de cœlo, II, 13, p. 467. B. — Cf. Achill. Tat. Isag. § 4. — Pseudo-Plut. plac. phil.III, 11. Je lis πρῶτος au lieu de πρωτην dans ce passage.

120. V. mon Mémoire sur les idées cosmographiques rattachées au mythe d'Atlas. (Bulletin de Férussac. Partie histor. mars 1831.)

121. Strabon le dit en faisant allusion à ce système (I, p. 13. — Tr. fr. t. I, p. 27, et la note de Gossellin.)

122. Pseudo-Plut. ubi suprà.

123. Stob., Eclog. I, p. 511, ed. Heer. — Pseudo-Plut. plac. phil. II, 15, 2.

124. Diog. Laert. VIII, 35.

125. Or. marit. 645. Sq. — Ap. Poet. lat. min. t. V, part. 2. p. 1283. Wernsd.

126. Cic. Acad. II, 26. — Fin. I, 6, ibi Dav. — Cleomed. II, 1. ibique Bake, p. 389.

127. De cœlo, II, 13, p. 467. A.

128. Cependant l'auteur de l'Herméneutique sacrée, M. Janssens, a été vertement tancé en l'an de grâce 1820, par un de ses confrères en théologie, pour avoir admis le mouvement de la terre. (Amand. a Sanctâ Cruce, animadv. in Hermen. sacram. Mos. 1820.)

ISBN : 978-1976391460